TRANSTORNO DO DESENVOLVIMENTO INTELECTUAL

Guia de Consulta Rápida

Daniele Pedrosa Monteiro

Copyright © 2022 Daniele Pedrosa Monteiro

Todos os direitos reservados.

Nenhuma parte deste livro pode ser reproduzida ou armazenada em um sistema de recuperação, ou transmitida de qualquer forma ou por qualquer meio, eletrônico, mecânico, fotocópia, gravação ou outro, sem permissão expressa por escrito do editor.

ISBN: 9798842908073

Eu dedico esse Guia de Consulta Rápida a todos os pais, familiares e terapeutas que participam ativamente na construção de gargalhadas memoráveis e acolhem com respeito a todos em suas singularidades.

Profa. Dani Pedrosa

CONTENTS

Title Page
Copyright
Dedication
APRESENTAÇÃO DA TEMÁTICA: 1
O GRANDE DESAFIO 6
O QUE OCORRE DURANTE O NEURODESENVOLVIMENTO? 9
QUAIS SÃO OS TRANSTORNOS DO DESENVOLVIMENTO NEUROLÓGICO? 16
O QUE PODE CAUSAR ESSES TRANSTORNOS? 18
COMO SÃO CONFIRMADOS OS DIAGNÓSTICOS? 23
O QUE É REALIZADO NESTE PROCESSO DIAGNÓSTICO? 25
SERÁ QUE É MESMO DI? 30
QUAL A PREVALÊNCIA NAS POPULAÇÕES? 33
CONSIDERAÇÕES FINAIS: 35
REFERÊNCIAS CONSULTADAS: 37

CONTATOS: 41

APRESENTAÇÃO DA TEMÁTICA:

Transtornos de Neurodesenvolvimento são definidos pelos manuais diagnósticos, como a CID-11 e o DSM-5 TR, como aquelas condições que tem seu início ainda no período de desenvolvimento.

O que reporta ao fato de que é comum que sejam percebidos precocemente, até mesmo antes do início da vida escolar, os sinais e sintomas que conduzirão a um diagnóstico.

O diagnóstico de um transtorno do desenvolvimento neurológico é um momento de extremo impacto para as famílias, sendo preponderante para a tomada de decisões assertivas que proporcionarão qualidade de vida para todos os envolvidos. Receber orientações e informações claras e precisas neste momento será um diferencial norteador desta história de vida.

Elaborar as expectativas pregressas a cerca de um filho ideal e experimentar essa dor será a primeira etapa de um longo caminho, que pode demandar aos pais e responsáveis suporte psicológico especializado. Arrogar para si a responsabilidade por oferecer os melhores recursos possíveis será um processo que demandará a busca por informações atualizadas e por uma equipe multiprofissional competente.

A primeira fonte segura de informações para as famílias são os profissionais de saúde (geralmente pediatras, neuropediatras e/ou psiquiatras) que foram consultados na busca por uma melhor compreensão dos comportamentos.

É comum que os esclarecimentos oferecidos neste momento alcancem pais e familiares confusos e muitas vezes sem condições emocionais de elaborar a maior parte do que é explicado após a confirmação diagnóstica. É comum que junto ao laudo médico seja ainda apresentada uma lista de recomendações para que seja realizado o acompanhamento multiprofissional.

De acordo com o diagnóstico e as caraterísticas individuais haverá uma demanda por especialistas que podem incluir, além do acompanhamento clínico, o suporte psicológico (inclusive para pais e familiares, como já destacado), terapias ocupacionais, acompanhamento psicopedagógico, nutricionista, fisioterapeuta, educador físico e outros profissionais.

Receber orientações precisas de cada um destes especialistas deixará, de forma progressiva, a família mais tranquila e capaz de criar um ambiente acolhedor e seguro onde a criança poderá se desenvolver com respeito e compreensão.

O esclarecimento inicial de que os prejuízos funcionais acarretados pelos déficits do desenvolvimento da criança irão englobar, além de aspectos pessoais, as suas relações sociais, escolares e ainda implicará de forma significativa em suas futuras atividades profissionais (quando isso for possível), será um importante fator na busca e adesão das famílias às diversas modalidades terapêuticas.

Diversas condições de saúde mental são relacionadas ao desenvolvimento e algumas delas ocorrem simultaneamente.

Os manuais destacam a necessidade de atentar ao fato de que é comum, ainda que não necessário, a presença do transtorno do desenvolvimento intelectual em autistas, representando inclusive um dos critérios diagnósticos, e exemplificam também com a possibilidade de transtornos de aprendizagem em crianças com transtorno de déficit de atenção/hiperatividade (TDAH), daí a importância da avaliação multidisciplinar atenta, para que se alcance o diagnóstico preciso.

É importante ressaltar que ao iniciar a busca pela compreensão dos transtornos do desenvolvimento intelectual, enquanto condições relacionadas ao neurodesenvolvimento (ou do desenvolvimento neurológico), nos deparamos com déficits em diversas capacidades mentais, podemos destacar aqui: dificuldades na aprendizagem escolar, no raciocínio e na solução de problemas, entre outras que abordaremos ao longo deste Guia de Consulta Rápida.

Muitas questões ainda seguem sem maiores explicações, mas cabe destacar que os avanços ao longo dos últimos 20 anos foram significativos e cada vez mais se traduzem em estratégias que permitem a elaboração de planos terapêuticos mais eficazes e direcionados para as demandas individuais, respeitando as características e a realidade de cada família.

Hoje encontramos pais, professores e terapeutas cada vez mais engajados e preocupados com a evolução de cada criança, contextualizando e inserindo atividades e interações que visam o desenvolvimento da autonomia em todas as áreas importantes para o funcionamento social, acadêmico, profissional e em qualquer outra área importante para a família.

Investir continuamente em capacitação e atualizações para ampliar os conhecimentos acerca da condição é uma estratégia eficaz e que permitirá ganho de qualidade de vida para a criança e, consequentemente, para seus familiares e demais envolvidos.

Esse Guia permite a compreensão da condição embasada nos conhecimentos mais recentes, abordando desde as etapas relacionadas ao neurodesenvolvimento até a confirmação do diagnóstic e foi elaborado para orientar terapeutas diversos, pedagogos, pais e demais educadores.

Profa. Dani Pedrosa

Julho/2022.

O GRANDE DESAFIO

Em 2006, na Convenção Internacional de Direitos Humanos das Pessoas com Deficiência, da ONU, o termo deficiência mental deixa de ser utilizado e recomenda-se a utilização de deficiência intelectual, um termo considerado com menor impacto social e que ajudaria a preservar a dignidade humana do indivíduo.

Recentemente uma nova nomenclatura, transtorno de desenvolvimento intelectual, aparece na Classificação Internacional de Doenças, CID-11, disponibilizada on-line em 2018 e válida em todos os países membros da Organização Mundial de Saúde (OMS) desde 01 de janeiro de 2022.

Notadamente a expressão atual se revela mais informativa, afinal, bem mais do que as limitações observadas, reporta ao fato de que algo ocorreu durante os processos de desenvolvimento do sistema nervoso e proporcionou os sinais e sintomas da condição.

Afetando aproximadamente de 1 a 3% da população em geral, os transtornos de desenvolvimento intelectual são caracterizados por limitações tanto na função intelectual quanto nas habilidades adaptativas.

Hoje já sabemos que mais de 700 genes desempenham algum papel em condições associadas a esses transtornos e, certamente, muitos mais aguardam ser descobertos pelos geneticistas.

Em alguns anos espera-se que o diagnóstico se torne cada vez mais preciso, quando mais conhecimentos sobre as implicações relacionadas a estrutura genética estiverem mais relacionados aos transtornos do desenvolvimento intelectual.

Já está esclarecido que nos pacientes mais graves a causa costuma ser genética, sendo determinada principalmente por mutações pontuais, uma inserção ou deleção, ou mesmo uma variação genômica estrutural.

Em casos leves e moderados a etiologia pode extrapolar a genética e estar relaciona a diversos fatores pré-natais, perinatais e, até mesmo, pós-natais.

Abordar a temática de forma acessível, atualizada e informativa representa o principal objetivo deste Guia de Consulta Rápida.

O primeiro grande desafio das famílias é o diagnóstico, que, particularmente em casos leves, pode ser rejeitado (ou negado) pela família e por crenças por vezes enraizadas de que cada criança tem seu tempo, e que em algum momento todas irão alcançar os marcos de desenvolvimento.

Infelizmente, ainda que exista de fato períodos de vários meses para que os bebês alcancem algumas metas, quando esses períodos se dilatam muito, as evidências revelam que há necessidade de avaliação e, se for o caso, intervenções.

Conduzir esse momento representa um grande desafio para todos profissionais envolvidos e demanda conhecimentos profundos e postura ética.

O QUE OCORRE DURANTE O NEURODESENVOLVIMENTO?

Escolher um ponto de partida para a condução de um assunto tão específico e complexo representou um grande desafio na elaboração deste Guia, considerando meus quase 20 anos de docência em disciplinas relacionadas as neurociências, psicofisiologia e psicofarmacologia decidi iniciar pelo desenvolvimento humano.

Compreender o processo de formação da vida, desta forma, representa nosso ponto de partida para a compreensão dos transtornos do desenvolvimento intelectual.

Ao longo dessa jornada serão introduzidos termos e conceitos que permitirão uma melhor compreensão do que pode estar ocorrendo com uma criança em particular.

A etapa de concepção humana representa as duas semanas após uma fertilização ocorrer, neste momento ainda não há formação de órgãos e sistemas específicos. O primeiro sistema a começar a se formar no futuro bebê, no final da terceira semana de gestação, será o nervoso. Esse evento representa um importante marco da primeira semana do embrião (MOORE, PERSAUD & TORCHIA, 2016).

O desenvolvimento do embrião se dará entre a terceira e a oitava semanas, no entanto, nosso sistema nervoso seguirá em formação por pelo menos mais duas décadas, e alcançará seu ápice já terminada a adolescência, no início da vida adulta, na maior parte das pessoas (GOGTAY et al., 2004).

O longo e progressivo desenvolvimento do sistema nervoso pode ser resumido em seis etapas principais: neurogênese, migração neuronal, gliogênese, sinaptogênese, mielinização e podas sinápticas (MARÍN, 2016).

Ele representa um processo que se inicia precocemente e será decisivo para a compreensão plena do funcionamento cerebral.

Cada uma dessas etapas será explicada de forma simples ao longo dos próximos parágrafos e permitirá o início da construção de uma conceituação sólida a respeito dos processos experimentados ao longo do desenvolvimento, e que se consolidará de forma progressiva ao longo da leitura deste Guia.

Ainda que possam apresentar variações individuais relacionadas aos estímulos e interações ambientais devemos permanecer atentos a cada etapa e considerar que a plasticidade neural seguirá oferecendo possibilidades por toda a vida.

Neurogênese:

A neurogênese representa a formação de neurônios que, resumidamente, são as células nervosas responsáveis por receber e conduzir estímulos, por sua interpretação e ainda pela elaboração de estratégias para que possamos desenvolver comportamentos adaptados diante de cada situação a que somos apresentados durante toda a nossa vida. O ápice de proliferação neuronal se dá no segundo trimestre da gestação (SOLMI, 2021).

Está comprovado cientificamente que após essa etapa de desenvolvimento seres humanos produzem novos neurônios em regiões específicas do cérebro, como no hipocampo (LLEDO, ALLONSO & GRUBB, 2006).

Migração neuronal:

A migração neuronal representa o deslocamento dos neurônios de seu ponto de formação para as regiões específicas onde permanecerão atuantes durante todo o seu tempo de vida. A maior parte destas migrações ocorrem ao longo do segundo e terceiro trimestres da gestação. Esse evento é determinante para a adequada estruturação do córtex cerebral e para o pleno funcionamento do sistema nervoso (MARÍN, 2016).

Gliogênese:

A formação das células da glia (ou neuroglia) é nomeada gliogênese, o processo que se inicia no segundo trimestre gestacional segue em ampla atividade pela infância, até aproximadamente os 10 anos de idade. Apesar da redução do processo na pré-adolescência elas podem ser produzidas ao longo de todo a vida (MARÍN, 2016).

Essas células atuam de forma a garantir as melhores condições possíveis para o funcionamento dos neurônios, e constituem junto a eles o tecido nervoso. Sendo responsáveis, por exemplo, pela nutrição (astrócitos), defesa (microgliócitos), produção de líquor (ependimárias) e formação das bainhas de mielina (oligodendrócitos e Schwann) elas configuram elementos primordiais do sistema (LENT, 2010).

Sinaptogênese:

A comunicação entre células nervosas se dá através de transmissões sinápticas. No terceiro trimestre da gestação esse processo se inicia no feto e seguirá de forma muito intensa até aproximadamente os sete anos de idade, quando terá sua atividade reduzida.

A interação com novos estímulos após o nascimento

e ao longo dos primeiros anos de vida são determinantes no sucesso deste processo (MARÍN, 2016).

O estabelecimento de novas conexões sinápticas ocorrerá por toda a vida de uma pessoa, ainda que com uma menor atividade do que em seus primeiros anos de vida.

Ao aprendermos novas informações, técnicas ou atividades estabelecemos conexões e reforçamos aquelas já estabelecidas (LENT, 2010).

Mielinização:

O processo de revestimento dos prolongamentos dos neurônios (axônios) pelas bainhas de mielina é nomeado mielinização e tem seu início após o nascimento do bebê.

Ocorre de forma muito intensa até a adolescência e terá um papel de manutenção ao longo de toda a vida, sempre que for necessário reparar algum trecho de bainha de mielina que venha a ser danificado (MARÍN, 2016).

A bainha de mielina confere proteção e permite maior velocidade a transmissão dos impulsos nervosos ao longo de todo o organismo. Seu pleno desenvolvimento e integridade são condições fundamentais ao adequado funcionamento do sistema nervoso (LENT, 2010).

Podas sinápticas:

Ainda na infância, por volta dos cinco anos de idade, um amplo evento de podas sinápticas levará a redução de conexões entre neurônios de forma a otimizar e aprimorar o funcionamento do sistema nervoso, com a remoção de redundâncias no controle do funcionamento de habilidades específicas (MARÍN, 2016; SOLMI, 2021).

Circuitos desnecessários serão desativados para que outros sejam otimizados e a formação do cérebro prossiga de forma adequada e adaptada aos estímulos que são oferecidos pelo ambiente que cerca a criança.

Apenas conexões desnecessárias serão removidas, uma criança com desenvolvimento cerebral típico, que recebe estímulos adequadamente desde seu nascimento, experimentará essa etapa como uma fase de seu neurodesenvolvimento.

Cabe destacar aqui que esse processo seguirá até aproximadamente os 20 anos de idade quando o sistema nervoso alcançará seu ápice de desenvolvimento.

O desenvolvimento e maturidade do sistema nervoso são eventos complexos e passíveis de diversas interferências, algumas delas podem prejudicar de forma significativa a plenitude funcional.

Eventos no desenvolvimento pré-natal podem impactar, assim como questões genéticas e ambientais, entre outros fatores que abordaremos nos próximos tópicos do Guia.

QUAIS SÃO OS TRANSTORNOS DO DESENVOLVIMENTO NEUROLÓGICO?

Seguindo a nova classificação, CID-11, válida desde primeiro de janeiro de 2022, podemos listar as seguintes condições relacionadas ao neurodesenvolvimento: transtornos do desenvolvimento intelectual (6A00); transtornos do desenvolvimento da fala ou da linguagem (6A01); transtorno do espectro do autismo (6A02); transtornos específicos da aprendizagem (6A03); transtornos do desenvolvimento da coordenação motora (6A04); transtorno de déficit de atenção/hiperatividade (6A05) e transtorno dos movimentos estereotipados (6A06).

Cada uma dessas condições apresenta uma série de sinais e sintomas característicos e necessários para sua identificação diagnóstica. Neuropediatras e psiquiatras especializados na infância devem ser consultados diante de qualquer dúvida.

É comum que pediatras encaminhem a esses

especialistas quando percebe os primeiros sinais e/ou sintomas. Em casos leves essa identificação poderá demorar para ocorrer, sendo evidenciada apenas nos primeiros anos escolares.

Cabe destacar que intervenções realizadas precocemente tendem a oferecer um melhor prognóstico, com ganhos significativos na qualidade de vida da criança que reverberam em todas as suas interações e relações sociais.

Antes que o diagnóstico seja plenamente satisfeito as ações, geralmente intermediadas por terapeutas ocupacionais, psicólogos e psicopedagogos, tendem a atuar de modo focado nos sinais e sintomas percebidos.

O QUE PODE CAUSAR ESSES TRANSTORNOS?

Diversos fatores podem ser analisados na busca pela compreensão das causas (etiologia) dos transtornos de neurodesenvolvimento. Os fatores genéticos, por exemplo, podem ser investigados em algumas condições e auxiliar, por exemplo, no planejamento familiar.

É importante destacar que muitas vezes a condição ocorre em comorbidade com outras questões ou representa uma das limitações comuns dentro de síndromes genéticas bem conhecidas, como a trissomia do cromossomo 21 (síndrome de Down), em alguns autistas e em muitas outras condições.

Desta observação acima vem a importância da investigação e, quando possível, esclarecimento da etiologia e, não apenas, do diagnóstico. A partir da compreensão do que ocorre com o indivíduo será possível intervir de forma a maximizar os ganhos nas interações e na qualidade de vida.

O diagnóstico é o primeiro passo para o planejamento de uma intervenção personalizada e, mesmo diante de uma impossibilidade de compreensão da etiologia, norteará decisões por todos os profissionais envolvidos no acompanhamento individual.

Neste cenário, compreender eventos marcantes pré-natais, como uso e abuso de substâncias, acidentes e quaisquer intercorrências na saúde materna durante a gestação podem representar um caminho possível na elucidação dos casos.

Além disso, cabe avaliar fatores ambientais, como a exposição a poluição do ar ou a água e alimentos contaminados com metais pesados, por exemplo, que podem ser os elementos fundamentais para esclarecer alguns casos, particularmente em áreas com alta incidência de transtornos, onde claramente há um forte componente ambiental envolvido.

De mesma importância, cabe considerar eventos diversos na primeira infância, investigando privação social e abusos (físico, psicológico ou sexual) que podem interferir drasticamente nos processos normais de formação do sistema nervoso e determinar algumas destas condições.

Uma parcela significativa dos diagnosticados com transtornos de neurodesenvolvimento, e não apenas as pessoas com transtornos do desenvolvimento intelectual, não terá sua etiologia esclarecida.

O foco em todos os diagnosticados deverá estar direcionado para implementação de estratégias para a melhoria da qualidade de vida.

Detalhando a Etiologia:

A palavra etiologia reporta ao estudo das causas das doenças. Neste Guia representa a tentativa de elucidar as principais questões que podem estar relacionadas com o transtorno do desenvolvimento intelectual.

É uma ciência multidisciplinar, que conta com a contribuição de diversas áreas das Ciências Biológicas e da Medicina, principalmente.

Considerando especificamente os transtornos do desenvolvimento intelectual podemos destacar fatores pré-natais, perinatais e pós-natais que podem ser relacionados.

Ainda que aproximadamente 40% dos casos de deficiência intelectual não tenham a sua etiologia esclarecida, entre os 60% que chegarão a essa interpretação alguns dos fatores apresentados a seguir podem estar envolvidos.

É importante compreender que o esclarecimento da condição visa elucidar o que ocorre com o indivíduo e, também, auxiliar o futuro planejamento familiar. Cabe a todos os profissionais envolvidos, sejam de Saúde, Psicologia ou Educação, oferecer orientações a pais e responsáveis de forma ética e responsável.

Fatores pré-natais:

Diversos fatores pré-natais podem estar relacionados as deficiências intelectuais. De acordo com o DSM-5 TR, podemos destacar as questões genéticas, os erros inatos de metabolismo, doenças e tratamentos médicos maternos, questões ambientais e até mesmo más-formações encefálicas.

Cabarcas, Espinosa & Velasco (2013) detalham esses fatores, indicando as principais infecções congênitas: toxoplasmose, rubéola, citomegalovírus, sífilis; apontando a desnutrição intrauterina; malformações cerebrais; exposição da mãe à radiação; intoxicação pelo uso abusivo de álcool na gravidez (SAF: Síndrome Alcoólica Fetal); uso de drogas durante a gravidez (cocaína), doenças como diabetes mellitus e alterações na tireoide.

Fatores perinatais:

Os fatores perinatais representam intercorrências durante o trabalho de parto, como anoxia perinatal, traumas de parto (distocias de parto: anormalidades de tamanho ou posição fetal, resultando em dificuldades no parto) e também encefalopatia hipóxico-isquêmica (complicação imediata após asfixia grave), hipoglicemia, prematuridade, baixo peso ao nascer e infecções ao nascimento, além de hemorragias.

Fatores pós-natais:

Alguns fatores pós-natais já foram associados a deficiência intelectual, ou seja, caso eles não tivessem ocorrido a condição provavelmente não teria se desenvolvido naquela pessoa.

Podemos citar, de acordo com o indicado no DSM-5 TR, as lesões isquêmicas hipóxias, lesões cerebrais traumáticas, infecções diversas, doenças desmielinizantes, doenças convulsivas, privação social grave e crônica, síndromes metabólicas tóxicas e intoxicações por chumbo, cobre e mercúrio.

É importante ressaltar que independente do esclarecimento, ou não, da etiologia do transtorno, que o diagnóstico deve ser realizado e o encaminhamento aos profissionais que puderem auxiliar com intervenções terapêuticas validadas cientificamente deve ser realizado.

COMO SÃO CONFIRMADOS OS DIAGNÓSTICOS?

Entre os critérios necessários para o diagnóstico de transtornos do desenvolvimento intelectual (DI), de acordo com o DSM-5 TR, estão: presença de déficits em funções intelectuais, déficits em funções adaptativas e apresentação destes déficits ainda no início no desenvolvimento.

Note que os três critérios precisam ser atendidos para que um diagnóstico seja confirmado.

Na CID-11 a definição aponta para um funcionamento intelectual significativamente abaixo da média e comportamento adaptativo que estão aproximadamente dois ou mais desvios-padrão abaixo da média, com base em testes padronizados administrados individualmente.

Além disso a CID-11 destaca que quando os testes normatizados e padronizados não estão disponíveis, o diagnóstico de transtorno do desenvolvimento intelectual requer maior confiança no julgamento clínico, baseado na avaliação apropriada de indicadores comportamentais comparáveis.

Ou seja, profissionais devidamente capacitados devem ser consultados na busca pela avaliação e futuro diagnóstico da condição, bem como para o estabelecimento do nível de gravidade, que irá orientar todas as decisões no momento da estruturação dos planos terapêuticos de intervenção.

Para uma melhor compreensão é fundamental avaliar os descritores apresentados par cada critério, os déficits em funções intelectuais, por exemplo, compreendem dificuldades em diversos aspectos, destacam-se: raciocínio prejudicado, limitações importantes na solução de problemas, incapacidade ou limitações para planejamento, dificuldades importantes com o pensamento abstrato, juízo prejudicado e limitações na aprendizagem pela experiência.

Entre aqueles déficits em funções adaptativas há que se destacar o fracasso para alcançar padrões de desenvolvimento e socioculturais em relação a independência pessoal e a responsabilidade cultural. Há evidentes limitações do funcionamento, com destaque para a comunicação, participação social e a vida independente (em casa, na escola, no trabalho e em comunidade).

O QUE É REALIZADO NESTE PROCESSO DIAGNÓSTICO?

A investigação começa na primeira consulta com o médico especialista. É comum que durante a anamnese já seja realizada uma investigação do histórico familiar enfatizando a busca por antecedentes de condições neurológicas e de casos de deficiência intelectual, relacionamentos consanguíneos, nível de instrução familiar, esclarecimento dos eventos da gestação e parto e até o esboço de um heredograma (diagrama com as relações de parentesco e doenças dos familiares da criança).

Além do levantamento histórico será realizado um exame físico onde geralmente é mensurada a medida do perímetro cefálico, exame físico geral e neurológico.

Considerando que algumas anomalias congênitas podem ser muito sutis, essa pesquisa baseada em observação morfológica geralmente é detalhada. É importante que a família leve dados históricos das consultas pediátricas anteriores para avaliação médica.

Alguns exames podem ser solicitados na

investigação de DI, muitos deles com a objetivo de excluir outras possibilidades diagnósticas.

Exames de imagem:

Considerando que algumas anomalias congênitas podem ser muito sutis, essa pesquisa baseada em observação morfológica geralmente é detalhada. É importante que a família leve dados históricos das consultas pediátricas anteriores para avaliação médica.

Alguns exames podem ser solicitados na investigação de DI, muitos deles com a objetivo de excluir outras possibilidades diagnósticas.

Entre os exames de imagem é comum solicitação de tomografia e/ou ressonância magnética de crânio quando se observa micro ou macrocefalia, histórico de crises epiléticas, atraso no desenvolvimento neuropsicomotor ou sinais neurológicos evidentes. A ressonância na maior parte das vezes tem maior sensibilidade do que a tomografia (DUARTE, 2018).

Entre os achados nas ressonâncias Shevell et al., 2000 destaca displasia do corpo caloso, persistência do cavum do septo pelúcido e/ou vergae, ventriculomegalia, hipoplasia vermiana, displasias corticais e alargamento do espaço subaracnóideo.

Outros exames:

De acordo com suas observações o médico poderá solicitar outros exames, como eletroencefalograma e vídeo eletroencefalograma, mas eles não fazem parte da triagem de DI.

Entre os exames mais comumente solicitados para a investigação das deficiências intelectuais estão a avaliação das funções tireoidianas, investigação de infecções congênitas, níveis de amônia e homocisteína.

Menos comum, mas também importantes são: dosagem de ácidos orgânicos e aminoácidos na urina, lactato e piruvato no sangue e líquor, dosagem de creatinoquinase.

Quando ainda não foram realizados são solicitadas triagens para deficiências auditiva e visual. Caso exista a suspeita de autismo será solicitada uma avaliação do desenvolvimento neuropsicomotor (DUARTE, 2018).

Testes genéticos:

Diversos testes genéticos podem ser realizados na triagem de DI, os mais comuns são cariótipo com banda G e algumas técnicas mais avançadas (para microdeleções ou micro duplicações) como hibridação genômica comparativa (CGH-array), técnicas como FISH e sequenciamento do exoma quando disponíveis também devem ser realizadas. Exoma ainda não é realizado aqui no Brasil pelo Sistema Único de Saúde de forma abrangente.

Testes neuropsicológicos:

De acordo com Miotto, Lucia & Scaff, 2012 uma complementação que se faz necessária para o diagnóstico de DI são os testes neuropsicológicos. Eles devem ser realizados exclusivamente por Psicólogo especializado. Este profissional aplicará testes individualizados de inteligência e comportamento adaptativo.

Em lactantes é solicitada a Escala de Desenvolvimento do Lactente de Bayley (avalia especificamente a linguagem, habilidades na resolução de problemas visuais, comportamento e habilidades motoras). Em crianças com mais de 3 anos de idade são utilizadas outras escalas, comumente, Wechsler e WPPSI-III (idade entre 3 e 7 anos).

Em crianças com idade mental maior do que 6 anos é utilizada a escala de Wechsler de Inteligência para Crianças (WISC-IV) (DUARTE, 2018).

Ainda de acordo com Duarte, 2018 para a avaliação do comportamento adaptativo é recomendada a escala de Vineland, com entrevistas realizadas com pais (e cuidadores) e professores para realizar a avaliação dos 4 domínios: comunicação, atividades diárias, socialização e habilidades motoras. Outros testes podem ser realizados de acordo com a avaliação do Neuropsicólogo.

Os resultados de todos os exames solicitados devem ser interpretados pela equipe que está realizando este diagnóstico, a avaliação isolada de qualquer destes instrumentos não será suficiente conclusões diagnósticas.

SERÁ QUE É MESMO DI?

Essa é uma pergunta muito comum entre pais e familiares, afinal de contas, diversos outros transtornos de neurodesenvolvimento e mentais também podem alterar as funções cognitivas e o comportamento adaptativo.

Algumas condições, como deficiências auditivas e visuais, por exemplo, configuram este cenário e por isso as triagens devem ser realizadas. Transtornos de aprendizagem, depressão e alguns quadros epiléticos também precisam ser descartados.

É importante destacar que há diferenças entre as condições que os especialistas conseguem perceber, por exemplo, em paralisia cerebral as limitações motoras estão mais comprometidas que as habilidades cognitivas.

Daí a necessidade de encaminhamento multiprofissional e da investigação ser conduzida por uma equipe, com olhares particulares sendo compartilhados para que se alcance o diagnóstico correto e, quando possível, a etiologia.

Muitos pais resistem a sugestão inicial dos pediatras de encaminhamento neurológico ou mesmo, mais tardiamente em casos mais leves, dos pedagogos e psicólogos escolares que acolhem as crianças em seus primeiros anos na escola.

Cabe destacar aqui que o olhar daqueles que convivem diariamente por anos com crianças (pediatras e professores) raramente se equivoca ao sinalizar que algo no desenvolvimento está ocorrendo de forma diferenciada em relação as outras crianças da mesma faixa etária.

Entre autistas as habilidades sociais adaptativas e a linguagem são bem mais afetadas. Uma equipe de profissionais altamente especializada irá oferecer segurança para a família e um diagnóstico adequado, o que permitirá intervenções adequadas.

Para avaliação dos níveis de severidade dos transtornos do desenvolvimento intelectual é fundamental considerar a tabela de indicadores comportamentais do funcionamento intelectual, ela está disponível no corpo do texto da CID-11, nela os níveis leve, moderado, grave e severo são diferenciados de acordo com sinais e sintomas específicos para a primeira infância, infância e adolescência e, ainda para a idade adulta.

Além disso, é importante recorrer as tabelas da CID-11 com os indicadores de comportamentos adaptativos da primeira infância, de crianças e adolescentes (6 a 18 anos) e de adultos, considerando aspectos dos domínios conceitual (raciocínio, planejamento, organização, leitura, escrita, memória, representação simbólica/interna, habilidades de comunicação), social (competência interpessoal, julgamento social, regulação emocional) e prático (autocuidado, recreação, emprego/incluindo tarefas domésticas, saúde e segurança, transporte).

QUAL A PREVALÊNCIA NAS POPULAÇÕES?

De acordo com os manuais estatísticos e diagnósticos a prevalência nas populações em geral é de 1%, ou seja, uma entre cada 100 pessoas apresenta critérios suficientes para o diagnóstico de deficiência intelectual, no entanto, quando são avaliados apenas os casos mais graves essas estatísticas revelam uma redução importante dos casos, com cerca de 0,6%, das pessoas sendo passíveis de diagnóstico, ou seja, cerca de 6 pessoas em cada mil apresentarão as formas mais graves e limitantes de DI.

Esses dados são generalistas e válidos para populações em geral, e eles não devem ser considerados em grupos particulares pois não se revelarão coincidentes. Analisar a incidência destes casos em clínicas de reabilitação, por exemplo, levará a incidências bem mais elevadas.

Esses dados de prevalência são relevantes para o planejamento das diversas instâncias de governo para que possam priorizar e desenvolver espaços com recursos multidisciplinares para acolher adequadamente a população.

CONSIDERAÇÕES FINAIS:

Espero que a compreensão das etapas do neurodesenvolvimento tenha permitido uma maior clareza sobre a relevância e complexidade dos eventos que permeiam a formação do sistema nervoso e tenham conduzido a uma melhor compreensão de que falhas em qualquer das etapas poderá ser determinante de uma condição compatível com um transtorno, como o do desenvolvimento intelectual.

Ao avaliar as diversas possibilidades diagnósticas dentro das condições relacionadas ao desenvolvimento neurológico procuramos destacar que de acordo com as particularidades observadas em cada indivíduo será realizado um diagnóstico particular, condizente com seus sinais e sintomas, o que viabilizará acompanhamento adequado pelos especialistas, para que possam conduzir tratamentos e terapias que melhorem a qualidade de vida de cada um.

A busca pela etiologia da deficiência intelectual nos revela que, apesar de haver diversas estratégias e exames a serem realizados, o conhecimento dos especialistas acerca de cada transtorno e a observação individual serão os elementos determinantes neste diagnóstico, quando possível, e permitiu uma melhor compreensão dos dados estatísticos que apontam a prevalência da condição nas populações.

Que esses conhecimentos permitam que professores, terapeutas e demais interessados se sintam mais seguros para a realização da psicoeducação dos familiares e pessoas relacionadas a transtornos do desenvolvimento intelectual, já que a condição perpassa por todas essas questões.

A ideia de transformar o meu Trabalho de Conclusão do Curso da pós-graduação em Psicopedagogia Clínica e Institucional neste Guia de Consulta Rápida representa uma tentativa de compartilhar saberes e impactar de forma positiva a todos os envolvidos nos cuidados de pessoas com Transtornos do Desenvolvimento Intelectual.

Retorno a uma das colocações iniciais para encerrar esse Guia de Consulta Rápida: receber orientações corretas de todos os envolvidos como o desenvolvimento da criança deixará, de forma progressiva, a família mais tranquila e capaz de criar um ambiente acolhedor e seguro onde a criança poderá se desenvolver com respeito e compreensão.

REFERÊNCIAS CONSULTADAS:

American Psychiatric Association. Diagnostic and Statistical Manual of Mental Disorders, Fifth Edition, Text Revision: DSM-5 TR. APA, 2022.

CABARCAS L, ESPINOSA E, VELASCO H. Etiologia del retardo mental em la infancia: experiencia em dos centros de tercer nível. Biomedica. 2013; 33:402-10.

DUARTE, R.C.B. Deficiência intelectual na criança. Residência Pediátrica (Supl.1). v.8, p. 17-25, 25 agosto 2018. http://dx.doi.org/10.25060/residpediatr.2018

GOGTAY, N.; GIEDD, J. N.; LUSK, L.; HAYASHI, K. M.; GREENSTEIN, D.; VAITUZIS, A. C.; NUGENT, T. F.; HERMAN, D. H.; CLASEN, L. S.; TOGA, A. W. Dynamic mapping of human cortical development during childhood through early adulthood. Proceedings of The National Academy of Sciences, [S.L.], v. 101, n. 21, p. 8174-8179, 17 maio 2004. Proceedings of the National Academy of Sciences. http://dx.doi.org/10.1073/pnas.0402680101.

KARAM, S. M.; RIEGEL, M.; SEGAL, S.L.; FÉLIX, T.M.; BARROS, A.J.D.; SANTOS, I.S.; MATIJASEVICH, A.; GIUGLIANI, R.; BLACK, M. Genetic causes of intellectual disability in a birth cohort: a population: based study. American Journal Of Medical Genetics Part A, [S.L.], v. 167, n. 6, p. 1204-1214, 27 fev. 2015. Wiley. http://dx.doi.org/10.1002/ajmg.a.37011.

LENT, R. Cem bilhões de neurônios? 2ª ed. Editora Atheneu, 2010.

LLEDO, P.; ALONSO, M.; GRUBB, M.S. Adult neurogenesis and functional plasticity in neuronal circuits. Nature Reviews Neuroscience, [S.L.], v. 7, n. 3, p. 179-193, mar. 2006. Springer Science and Business Media LLC. http://dx.doi.org/10.1038/nrn1867.

MARÍN, O. Developmental timing and critical windows for the treatment of psychiatric disorders. Nature Medicine, [S.L.], v. 22, n. 11, p. 1229-1238, 26 out. 2016. Springer Science and Business Media LLC. http://dx.doi.org/10.1038/nm.4225.

MIOTTO, E.C.; LUCIA, M.C.S.; SCAFF, M. Avaliação Neuropsicológica e Funções

Cognitivas: Neuropsicologia Clínica. 1ª ed. Editora Roca, 2012.

MOORE, K.L.; PERSAUD, T. V. N.; TORCHIA, MARK G. Embriologia básica. 9ª ed. Elsevier, 2016.

SHEVELL, M. I.; MAJNEMER, A.; ROSENBAUM, P.;

ABRAHAMOWICZ, M. Etiologic yield of subspecialists' evaluation of young children with global developmental delay. The Journal Of Pediatrics, [S.L.], v. 136, n. 5, p. 593-598, maio 2000. Elsevier BV. http://dx.doi.org/10.1067/mpd.2000.104817.

SOLMI, M., RADUA, J., OLIVOLA, M. et al. Age at onset of mental disorders worldwide: large-scale meta-analysis of 192 epidemiological studies. *Mol Psychiatry*, v. 27, p. 281–295, junho 2021. https://doi.org/10.1038/s41380-021-01161-7

World Health Organization. ICD-11 for mortality and morbidity statistics. Version: 02/2022. Geneva: WHO; 2022 [consultado em 10 de junho de 2022]. Disponível em: https://icd.who.int/browse11/l-m/en.

CONTATOS:

Instagram: @profadanipedrosa
E-mail: danielepedrosa@hotmail.com

Sua avaliação deste Guia de Consulta Rápida poderá me auxiliar na divulgação deste material. Agradeço desde já por sua avaliação na Amazon.

www.ingramcontent.com/pod-product-compliance
Lightning Source LLC
Chambersburg PA
CBHW050316220526
45465CB00005B/2013